BEI GRIN MACHT SICH IHR WISSEN BEZAHLT

AF153685

- Wir veröffentlichen Ihre Hausarbeit, Bachelor- und Masterarbeit

- Ihr eigenes eBook und Buch - weltweit in allen wichtigen Shops

- Verdienen Sie an jedem Verkauf

Jetzt bei www.GRIN.com hochladen und kostenlos publizieren

André Schuhmann

E-Learning, Blended Learning und virtuelle Exkursionen

Eine Bereicherung für den Erdkundeunterricht?

GRIN Verlag

Bibliografische Information der Deutschen Nationalbibliothek:

Die Deutsche Bibliothek verzeichnet diese Publikation in der Deutschen National-
bibliografie; detaillierte bibliografische Daten sind im Internet über http://dnb.d-
nb.de/ abrufbar.

Dieses Werk sowie alle darin enthaltenen einzelnen Beiträge und Abbildungen
sind urheberrechtlich geschützt. Jede Verwertung, die nicht ausdrücklich vom
Urheberrechtsschutz zugelassen ist, bedarf der vorherigen Zustimmung des Verla-
ges. Das gilt insbesondere für Vervielfältigungen, Bearbeitungen, Übersetzungen,
Mikroverfilmungen, Auswertungen durch Datenbanken und für die Einspeicherung
und Verarbeitung in elektronische Systeme. Alle Rechte, auch die des auszugsweisen
Nachdrucks, der fotomechanischen Wiedergabe (einschließlich Mikrokopie) sowie
der Auswertung durch Datenbanken oder ähnliche Einrichtungen, vorbehalten.

Impressum:

Copyright © 2008 GRIN Verlag GmbH
Druck und Bindung: Books on Demand GmbH, Norderstedt Germany
ISBN: 978-3-640-35483-2

Dieses Buch bei GRIN:

http://www.grin.com/de/e-book/128433/e-learning-blended-learning-und-virtuelle-
exkursionen

GRIN - Your knowledge has value

Der GRIN Verlag publiziert seit 1998 wissenschaftliche Arbeiten von Studenten, Hochschullehrern und anderen Akademikern als eBook und gedrucktes Buch. Die Verlagswebsite www.grin.com ist die ideale Plattform zur Veröffentlichung von Hausarbeiten, Abschlussarbeiten, wissenschaftlichen Aufsätzen, Dissertationen und Fachbüchern.

Besuchen Sie uns im Internet:

http://www.grin.com/

http://www.facebook.com/grincom

http://www.twitter.com/grin_com

Geographisches Institut

Ruhr-Universität Bochum

Lehrstuhl für Geographiedidaktik

Seminar: Elektronische Medien im Geographieunterricht

SS 08

E-Learning, Blended Learning und virtuelle Exkursionen –
Eine Bereicherung für den Erdkundeunterricht?

Gliederung

1. Einleitung

Einer der zentralen Aspekte im Umgang mit elektronischen Medien im Geographieunterricht ist sicherlich die Frage, auf welche Art und Weise den Schülerinnen und Schülern geographische Inhalte näher gebracht werden können. Es ist daher wichtig von vornherein klarzustellen, dass es beim Einsatz elektronischer Medien im Unterricht auch der Anwendung speziell auf diese Form des Unterrichts zugeschnittener Methoden bedarf. Im Folgenden möchten wir daher drei Methoden vorstellen, die sich besonders für den Geographieunterricht eignen, in dem elektronische Medien eingesetzt werden. Dafür werden wir zuerst definieren, wodurch Methoden gekennzeichnet sind, um im Anschluss daran die Methoden E-Learning, Blended Learning und Virtuelle Exkursionen vorzustellen, zu bewerten und abschließend ihren Einsatz im Geographieunterricht zu reflektieren.

2. Was sind Methoden? – Eine Definition

Die Literatur unterscheidet im Allgemeinen und in Bezug auf die Geographie im Besonderen zwei Arten von Methoden. Die Fachmethoden werden als „Arbeitsweisen wissenschaftlichen Arbeitens" definiert, durch die „fachliche Informationen oder Erkenntnisse gewonnen werden sollen" (vgl. RINSCHEDE et al. 2007: 107). Dadurch unterscheiden sich die Fachmethoden von den Unterrichtsmethoden, zu denen auch die methodischen Großformen E-Learning, Blended Learning und die Virtuellen Exkursionen gehören. Diese werden definiert als Lehr- und Lernwege, „mit denen sich Lehrer und Schüler die sie umgebende Wirklichkeit unter institutionellen Bedingungen der Schule aneignen", oder einfacher ausgedrückt: Unterrichtsmethoden beziehen sich auf die „Frage nach dem „Wie" des unterrichtlichen Vorgehens" (vgl. RINSCHEDE et al. 2007: 174).

3. E-Learning und Blended Learning

E-Learning und Blended Learning sind zwei Begriffe, die die Diskussion um den Einsatz elektronischer Medien im Unterricht bestimmen und dominieren wie nur wenige andere (vgl. SCHLEICHER 2004). Dabei ist vielfach unklar, wie diese beiden „Schlagwörter" überhaupt zu definieren und voneinander abzugrenzen sind.

a) Begriffliche Abgrenzung

In seiner Grundbedeutung bezeichnet der Begriff des E-Learning das eigenständige Lernen mit Online-Materialien. Es handelt sich dabei um die interaktive Kommunikation zwischen einem wissensvermittelnden Programm und dem Lernenden, in aller Regel einer Einzelperson. Bei dieser Methode treten sich der Lehrende und der Lernende zu keiner Zeit direkt gegenüber, sondern kommunizieren lediglich virtuell. Allerdings wird der Begriff E-Learning häufig auch als Überbegriff für alle Formen des elektronisch unterstützten Lernens verwendet, sodass zum Teil sowohl die Methode Blended Learning als auch die Virtuellen Exkursionen unter dem Sammelbegriff E-Learning zusammengefasst werden (vgl. HAUBRICH 2006: 210).

Die Methode des Blended Learning (engl. „vermischtes Lernen") ist eine Symbiose aus dem Lernen mit Online-Materialien wie sie im E-Learning praktiziert wird und Präsenzveranstaltungen. Obwohl auch in Bezug auf diese Methode häufig von E-Learning gesprochen wird, unterscheidet sich das Blended Learning vom E-Learning durch Unterrichtsphasen eines lehrergeleiteten, nicht Computer gestütztem Präsenzunterricht (vgl. RINSCHEDE et al. 2007: 380).

b) Vor- und Nachteile

Einer der bedeutendsten Vorteile des E-Learning liegt sicherlich in seiner totalen Unabhängigkeit von Zeit und Raum. Die Recherche und Auswertung von Informationen und die Aneignung von Wissen erfolgt zu der Zeit, zu der der Lerner dies wünscht, sofern ihm kein organisatorischer Rahmen gesetzt wurde. Hinzu kommt die Möglichkeit des direkten, d.h. „zeitechten" und somit aktuellsten, weltweiten Meinungsaustausches und der Kommunikation mit Menschen aus verschiedensten Teilen der Erde. Dies ermöglicht den „Einblick in Einstellungen und Sichtweisen (von einem bestimmten Problem) betroffener Menschen" (RINSCHEDE et al. 2007: 380 und HAUBRICH 2006: 210) und den Austausch „regional bedeutsamen Wissens" (HAUBRICH 2006: 210) wodurch nicht zuletzt auch das Interkulturelle sowie das bilinguale Lernen gefördert wird. Als Vorteil lässt sich zudem die Vermittlung von Medienkompetenz durch den unausweichlichen Umgang mit den Medien Computer und Internet ansehen. Dadurch, dass diese Art des Lernens zumindest in Deutschland immer noch als exotisch angesehen werden kann, Schülerinnen und Schüler aber oftmals durchaus mit diesen Medien vertraut sind, bietet die Methode des E-Learning eine enorme Motivationsvielfalt für den Unterricht. Nicht zuletzt ist es zudem vorteilhaft, dass durch die Unabhängigkeit des Lerners von Zeit und Raum, das Lerntempo jeder Schülerin und jedes Schülers angemessen berücksichtigt werden kann und eine gute Möglichkeit der Binnendifferenzierung gegeben ist, wodurch auch in der Begabten- und Interessenförderung neue Maßstäbe gesetzt werden können.

Selbstverständlich bietet die Methode E-Learning auch Nachteile, welche oftmals durch den Einsatz des Blended Learning zu kompensieren versucht werden. Dies führt im Gegenzug allerdings auch dazu, dass einige Vorteile des E-Learning nicht mehr in Gänze zum Tragen kommen.

So können die Kritikpunkte der fehlenden direkten Kontrolle des Arbeitsprozesses der Schülerinnen und Schüler, sowie die fehlende technische Ausstattung der einzelnen Lerner zumindest teilweise durch Präsenzveranstaltungen kompensiert werden, da der Unterricht in diesem Fall unter Anleitung des Lehrers in einem Computerraum stattfinden kann. Die Probleme bleiben allerdings in den Phasen, welche nicht in der Lerngruppe stattfinden, bestehen, können durch die Präsenzveranstaltungen aber zumindest abgemildert werden.

Ein zentraler Vorteil des Blended Learning gegenüber dem E-Learning besteht jedoch im Umgang mit leistungsschwächeren Schülern. Für diese Lernerklientel kann das selbständige Lernen des E-Learning zu einer großen Herausforderung werden, da die Schülerinnen und Schüler mit Online-Materialien „überschwämmt" werden und keine Reduktion durch den Lehrenden stattfindet. Durch das Blended Learning steht der Lehrende dem Lernenden weiterhin als realer Lernbegleiter und Vermittler zur Seite. Jedoch kann dadurch beim Blended Learning der Aspekt des „zeitechten" und vollständig raum- und zeitunabhängigen Lernens nicht mehr in vollem Umfang aufrecht erhalten werden. Die Möglichkeit des weltweiten Austausches, die Vorteile des Interkulturellen und bilingualen Lernens, die Vermittlung von Medienkompetenz und die motivationsfördernde Wirkung der Methode kommen jedoch auch beim Blended Learning zum Tragen.

4. Virtuelle Exkursionen

Exkursionen sind ein wesentliches Element der geographischen Erkenntnisgewinnung. Die pädagogische Leitlinie der Vermittlung von Fachmethoden im Erdkundeunterricht erfordert also die Implementierung von Exkursionen in die unterrichtliche Praxis. Leider lassen sich aus vielfältigen Gründen Exkursionen in der Schulwirklichkeit nur begrenzt, oder unter widrigen Bedingungen durchführen. Stundenplanprobleme (beispielsweise die Suche nach Vertretungslehrern oder einer weiteren Aufsichtsperson), organisatorische Probleme (z.B. der Transport zum Exkursionsziel), Finanzierungsprobleme, die Wetterabhängigkeit und die im Zusammenhang mit Exkursionen immer wieder auftretenden negativen Konnotationen wirken als begrenzender Faktor für den Einsatz dieser methodischen Großform im Unterricht (vgl. RINSCHEDE et al. 2007: 252). Dennoch spricht eine Vielzahl von Vorteilen für den Einsatz von Exkursionen im Unterricht: So sind die Konfrontation mit der Wirklichkeit, die Ermöglichung wertvoller Primärerfahrungen und die Möglichkeit der Selbsttätigkeit nur ein Ausschnitt aus dem Spektrum der Gründe für den Einsatz von Exkursionen (vgl. RINSCHEDE et al.: 252).

a) Definition

Exkursionen werden, wenn sie durchgeführt werden, überwiegend in den Nahraum der Schule durchgeführt, denn Kosten und Zeitbedarf steigen mit zunehmender Distanz zum Lernort Schule unverhältnismäßig stark an. Aber was ist mit lehrplanrelevanten, anschaulichen und für geographische Fragestellungen besuchswürdigen Destinationen? Vulkane, Gletscher und Krisengebiete können aus nahe liegenden Gründen in der Regel nicht Gegenstand einer Realexkursion werden. Ist es also in diesen Fällen legitim gänzlich auf Exkursionen zu verzichten und sich so auf Kartenarbeit, die Auswertung von Diagrammen, Bildern und Texten zu beschränken?

Eine ergänzende Alternative könnten Virtuelle Exkursionen sein, bei denen die Schülerinnen und Schüler einen Internetauftritt besuchen, „der eine reale Exkursion simuliert" (SCHLEICHER 2004: 56f.). Eng mit dem Terminus „Virtuelle Exkursion" verknüpft ist der Begriff der „Online-Exkursion": Im Gegensatz zu virtuellen Exkursionen, beziehen sich Online-Exkursionen auf weit entfernte Regionen, die von einer realen Exkursionsgruppe besucht wird und die regelmäßig Fotos, Videos und Berichte über den Exkursionsverlauf im Internet bereitstellen. Zugleich wird den Schülerinnen und Schülern so die Kommunikation (z.B. E-Mail, Internettelefonie, Instant Messaging) mit den Exkursionsteilnehmern ermöglicht. So können beispielsweise aus dem Unterrichtsgespräch resultierende Fragen der Lerngruppe geklärt werden. Nach Abschluss der Exkursion bleiben die bereitgestellten Materialien in der Regel auf einem Internetserver bestehen, sodass diese für weitere

6

Unterrichtseinsätze weiterhin zur Verfügung steht und somit zu einer virtuellen Exkursion wird (vgl. SCHLEICHER 2004: 57).

b) Vor- und Nachteile

Wie jede methodische Großform bringen auch Virtuelle Exkursionen diverse Vor- und Nachteile mit sich. Letztere lassen sich aber durch eine geschickte Einbindung in den Unterricht in großen Teilen abwenden.

Ein wesentlicher Nachteil virtueller Exkursionen ist, wie bei allen elektronischen/digitalen Medien, die Abhängigkeit von der technischen Infrastruktur. So müssen für einen erfolgreichen Unterrichtseinsatz zeitgemäße PCs und Breitbandinternetanschlüsse in möglichst hoher Anzahl vorhanden sein. Aus der Abhängigkeit des Zusammenspiels von Hard- und Software ergibt sich auch die Störanfälligkeit dieser Methode. Hardwaredefekte, sowohl auf Seiten des Anwenders (z.B. der Schulrechner) als auch auf Seiten des Anbieters (z.B. der Internetserver, auf dem die virtuelle Exkursion veröffentlich ist) können die Durchführung einer Virtuellen Exkursion be- bzw. sogar verhindern.

Weiteres Störpotential steckt in der Arbeit der Schülerinnen und Schüler mit den PCs. So ist aus der Praxis hinlänglich bekannt, dass der Umgang mit dem PC einen Ablenkungseffekt mit sich bringen kann. Die Lernenden schweifen auf andere Internetseiten ab und vernachlässigen die eigentliche Thematik – der Lernerfolg bleibt so aus.

Ein weiterer Nachteil ist die potentielle Förderung von Stereotypen, die aus der doppelten Subjektivität der bei der virtuellen Exkursion eingesetzten Medien resultiert. Es ist jedoch zu sagen, dass diese Gefahr bei jedem Einsatz von Medien im Erdkundeunterricht besteht.

Den Nachteilen steht eine Vielzahl von Vorteilen gegenüber, die nachfolgend benannt werden sollen: Einerseits ermöglichen virtuelle Exkursionen eine kostenneutrale, raum-, zeit- und wetterunabhängige virtuelle Begehung authentischer Lernorte, die aus pragmatischen Gründen als Realexkursion nicht realisierbar wäre. Zu diesen pragmatischen Gründen zählen sowohl die zu große Entfernung des Exkursionsraumes, als auch die klimatischen und politischen Bedingungen vor Ort. Des weiteren können zeitliche Vergleiche einer Region angestellt werden, in dem z.B. der Exkursionsraum im historischen Kontext virtuell begangen wird und mit dem heutigen Erscheinungsbild verglichen werden kann.

Es ist jedoch erwähnenswert, dass virtuelle Exkursion niemals Realexkursionen vorgezogen werden sollten, wenn letztere ohne große Hindernisse realisierbar wären. Aus empirischen Studien ist nämlich bekannt, dass die direkte Realerfahrung ein effektiveres Lernen ermöglicht, als die vermittelnde, indirekte Beobachtung. Ein letzter wesentlicher Vorteil virtueller Exkursionen ist der Umgang mit digitalen Medien, der einerseits spielerisch die Medienkompetenz und Medienerziehung vorantreibt und andererseits die Motivation der Schülerinnen und Schüler zu steigern vermag.

5. Resümee: Eine Bereicherung für den Erdkundeunterricht?

Abschließend soll der Frage nachgegangen werden, inwieweit das E-Learning bzw. Blended-Learning und die virtuellen Exkursionen eine Bereicherung für den Erdkundeunterricht darstellen können.

Zu aller erst soll deutlich gesagt werden, dass die drei hier vorgestellten Methoden niemals als Selbstzweck gesehen werden dürfen. Die Interdependenzthese der Berliner Didaktik, die von den Erziehungswissenschaftslern Heimann, Otto und Schulz entwickelt wurde, besagt, dass sich Ziele, Inhalte, Medien und Methoden gegenseitig bedingen, aber die Medien und Methoden nicht über die Ziele und Inhalte von Unterricht gestellt werden dürfen (vgl. TULODZIECKI 2004: 210).

Zwar bieten die vorgestellten Methoden durch den selbstbestimmten, spielerischen und interaktiven Umgang mit digitalen Medien die Möglichkeit zur Binnendifferenzierung und die Motivationsförderung, aber ein gehäufter Einsatz im Erdkundeunterricht würde die Motivation der Schülerinnen und Schüler wohl eher mindern.

Es darf auch nicht verschwiegen werden, dass der Einsatz von E-Learning bzw. Blended Learning und virtueller Exkursionen eine hohe Planungsleistung des Lehrenden erfordert. Effektiv können die genannten Methoden nur eingesetzt werden, wenn gezielte Arbeitsaufträge gestellt werden und der Recherchebereich im Internet eng umrissen ist. Wichtig ist auch, dass die gewonnen Ergebnisse im Unterricht besprochen werden, da nur so der Lehrer eine Rückmeldung über den Lernfortschritt und den Erfolg dieses Unterrichtskonzeptes erhalten kann.

Festzuhalten bleibt, dass die vorgestellten Methoden bei richtiger Anwendung und Einbettung ein großes Potential für den Erdkundeunterricht besitzen. So können die Methoden nahezu mit beliebigen Medien und Methoden verknüpft werden. Beispielsweise kann eine virtuelle Exkursion auch als eine Lernstation bei der Methode des Stationenlernens dienen. Ersetzen können die in dieser Arbeit vorgestellten Methoden den realen Unterricht jedoch nicht.

5. Weiterführende Literatur

- Alean, Jürg 2000: Virtuelle Exkursionen: Vulkane und Gletscher. Sekundarstufe I. In: Praxis Geographie 05/2000, S. 36-39.

- Bonk, Curtis Jay [Hrsg.] 2006: The handbook of blended learning : global perspectives, local designs.

- Dittler, Ullrich [Hrsg.] 2003: E-Learning : Einsatzkonzepte und Erfolgsfaktoren des Lernens mit interaktiven Medien.

- Hallet, Wolfgang 2006: Didaktische Kompetenzen : Lehr- und Lernprozesse erfolgreich gestalten.

- Haubrich, Hartwig [Hrsg.] 2006: Geographie unterrichten lernen. 2. Auflage. München.

- Falk, Gregor C. 2003: Didaktik des computerunterstützten Lehrens und Lernens. Illustriert an Beispielen aus der geographieunterrichtlichen Praxis. Berlin.

- Kanwischer D. 2004: Selbstgesteuertes Lernen, E-Learning und Geographiedidaktik. Grundlagen, Lehrerrolle und Praxis im empirischen Vergleich. Berlin.

- Küpper, Claudia 2005: Verbreitung und Akzeptanz von E-Learning : eine theoretische und empirische Untersuchung.

- Meier, Rolf 2006: Praxis E-Learning : Grundlagen, Didaktik, Rahmenanalyse, Medienauswahl, Qualifizierungskonzept, Betreuungskonzept, Einführungsstrategie, Erfolgssicherung.

- Michel, Lutz P. [Hrsg.] 2006: Digitales Lernen : Forschung - Praxis – Märkte. Ein Reader zum E-Learning.

- Philipp, Anke 2003: Internet-Exkursion in das Ruhrgebiet. In: Praxis Geographie. H. 2. S. 26-29.

- Rinschede, Gisbert 2007: Geographiedidaktik. 3. völlig neu bearbeitete und erweiterte Ausgabe. Paderborn.

- Roters, Gunnar [Hrsg.] 2004:E-Learning : Trends und Entwicklungen.

- Schleicher, Yvonne 2004: Computer, Internet & Co. Im Erdkundeunterricht. Berlin.

- Schorer, Jörg 2003: E-Learning im Geographieunterricht. Ein Versuch in der gymnasialen Oberstufe? In: Praxis Geographie 09/2003, S. 59-60.

- Schüpbach, Evi 2003: Didaktischer Leitfaden für E-Learning.

- Tulodziecki, Gerhard 2004: Eine Einführung in die Didaktik. Bad Heilbrunn.

- http://www.e-teaching.org/glossar/blended-learning